欢迎来到
怪兽学园

_____ 同学，开启你的探索之旅吧！

本册物理学家

安培

献给所有充满好奇心的小朋友和大朋友。

——傅渥成

献给我的女儿豆豆和暄暄,以及一起努力的孩子们!

——郭汝荣

图书在版编目(CIP)数据

怪兽学园.物理第一课.6,礼堂停电了!/傅渥成著;郭汝荣绘.—北京:北京科学技术出版社,2023.10
ISBN 978-7-5714-2964-5

Ⅰ.①怪… Ⅱ.①傅… ②郭… Ⅲ.①物理—少儿读物 Ⅳ.① Z228.1

中国国家版本馆 CIP 数据核字(2023)第 044293 号

策划编辑:吕梁玉	电　话:0086-10-66135495(总编室)
责任编辑:张　芳	0086-10-66113227(发行部)
封面设计:天露霖文化	网　址:www.bkydw.cn
图文制作:杨严严	印　刷:北京利丰雅高长城印刷有限公司
责任印制:李　茗	开　本:720 mm×980 mm　1/16
出 版 人:曾庆宇	字　数:25 千字
出版发行:北京科学技术出版社	印　张:2
社　　址:北京西直门南大街 16 号	版　次:2023 年 10 月第 1 版
邮政编码:100035	印　次:2023 年 10 月第 1 次印刷
ISBN 978-7-5714-2964-5	

定　价:200.00 元(全 10 册)

怪兽学园 物理第一课

6 礼堂停电了！

电磁学   傅渥成◎著   郭汝荣◎绘

北京科学技术出版社
100 层童书馆

今天是怪兽学园的校庆日。太阳落山后，校庆晚会就开始啦！学园里张灯结彩，十分热闹。

小怪兽们齐聚礼堂，一起聆听阿诺校长慷慨激昂的致辞。当然，晚会上肯定少不了小怪兽们为校庆准备的精彩节目。

突然，礼堂里一片漆黑。停电了！
小怪兽们躁动起来，阿诺校长也有些手足无措。

亲爱的同学们，少安毋躁，不要随意离开座位，我会马上处理好。

阿成，我们去实验室搬救兵吧！也不知道实验室里还有没有人。

先去看看再说吧，也不知道实验楼有没有停电。

飞飞和阿成出了礼堂，发现学园里的路灯并没有熄灭，远处实验楼的灯也亮着。

看样子，还有人在实验室里做实验。

那里还有灯光，我们去问问吧！

在实验室做实验的是安培。

安培转身拿了一只手电筒，准备去解决停电的问题。

三人走出实验楼，来到礼堂门口。安培发现礼堂门口的两盏大探照灯也熄灭了。

安培拔掉探照灯的插头，跟着阿成、飞飞来到管理员的房间。他们在墙上找到了礼堂的空气开关。安培把它重新推上去之后，礼堂里的电力就恢复了。

来电了！所有的小怪兽都开心极了，阿诺校长也松了一口气。安培、阿成和飞飞一起看完了后面的表演。

晚会结束之后，三只怪兽一起走出了礼堂。

一路上，阿成和飞飞不停地感谢安培。不过，他们也很好奇，为什么只要将空气开关推上去，就能让礼堂重新亮起来呢？

还记得我们在礼堂门口看到的那两盏探照灯吗？它们可是"用电大户"！正是因为今天学园开启了太多这样的用电设备，才导致空气开关自动断开，造成了停电。

原来是这样啊，都怪空气开关！

可不能这么说。同时使用很多用电设备，有可能造成火灾。空气开关断开，其实是在保护我们的安全

奇怪，空气开关怎么知道我们开启了很多用电设备？

这是因为空气开关可以监测电路中的电流。一旦电路中的电流超过一定大小，空气开关就会自动断开。

我快撑不住了！

电流

安培讲得头头是道，可阿成和飞飞却觉得有些难以理解。电路、电流……这些名词让他们俩一头雾水。于是，阿成和飞飞与安培相约，第二天去安培的实验室拜访。

第二天一大早，阿成和飞飞就来到了安培的实验室。那里宽敞又明亮，摆满了各种各样的实验装置。看着一屋子的电学仪器和电动装置，阿成和飞飞兴奋极了。

阿成和飞飞对安培的实验室十分着迷。他们俩都知道这些仪器和装置需要电才能工作，可是并不太清楚其中的原理。

热心的安培随即拿起他的一个宝贝，又从一旁找来电池和开关等，然后用导线将它们连在一起。"这个装置是我发明的。"他自豪地说。

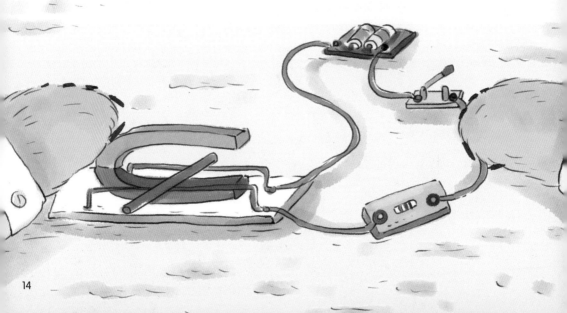

闭合开关你们发现什么啦？

在电的作用下，铜棒动了起来。

磁铁肯定也发挥了作用！

没错，有磁性的物体周围存在磁场，磁场会对通电导体产生作用力，这种力被称为安培力。各种各样的电动玩具就是根据这个原理设计的。

电并不是一种看得见的东西。

物体的电量跟它的质量、密度一样，是物体的一种属性。

冬天我们脱毛衣的时候，可以听到噼里啪啦的声音，有时甚至可以看到火花，这是静电导致的。有一些动物，比如电鳐和电鳗可以放电，这种电是生物电。

安培，你没事吧？

安培捡起几节电池，又拿来几个小零件，演示起来。

你们看，这里有两个电路，
其中都有灯泡。只要我将开关闭合，
电路中的灯泡就会亮起来。
这两个电路的不同之处在于电池的数量。
左边的电路只装了一节电池，
而右边的电路装了三节电池。
你们猜，当我闭合两个开关后，
哪个灯泡更亮呢？

当然是右边的更亮！

安培接通了两个电路，果然右边电路中的灯泡更亮。

我明白了，这是因为右边的电路中电流更大。

没错！

小小的电路吸引了阿成，他也拿来几个灯泡和几节电池，学着安培的样子自己动手连接起来。

阿成将开关闭合之后，电路中的两个灯泡都亮了起来……

阿成又连接了一个电路，他怀着激动的心情再将开关闭合。然而这一次，虽然所有灯泡都亮了，但是每个灯泡都比较暗。飞飞有些失望。

把小灯泡连成一串，这种连接方式叫串联。相比于刚才的电路，这次连接的电路中，通过灯泡的电流小了很多，因此灯泡比较暗。

小知识

　　串联是连接电路元件的基本方式之一，特点是将电路元件逐个顺次首尾相连接。将各用电器串联起来组成的电路叫串联电路。串联电路中通过各用电器的电流大小相等。

可是在家里，我们经常同时开客厅、卧室、厨房和卫生间的灯，每一盏灯都很亮啊。这又是为什么呢？

因为家用电器并不是串联在电路中的，它们是通过另一种方式连接的。你们可以继续做实验，看能不能找到那种连接方式。

飞飞拿起两个灯泡，换了一种方式连接电路。这一次，开关闭合之后，两个灯泡都非常亮。

我明白了。在这个电路中，每个灯泡都在并列的分支上，相当于每个灯泡都直接跟电池相连了，所以它们才这么亮！

没错，这种电路连接方式叫作并联。

还没等安培说完，阿成和飞飞就迫不及待地开始改装电路了。

那我们一起来改装吧！

没过多久，飞飞和阿成就连好了新的电路。他们怀着紧张的心情，将电路闭合。所有灯泡都亮了起来，并且每一个都非常亮。

完成！

完成！

小知识

　　并联也是连接电路元件的基本方式之一，特点是将电路元件首首相接，同时尾尾相连。将各用电器并联起来组成的电路叫并联电路。

你们看，好像变暗了。

不过很快，飞飞发现刚才改装的并联电路中，灯泡变暗了。

这是怎么回事呢？

这是因为电路中并联了很多灯泡，每一个灯泡所在的分支都流过了一定的电流。这样一来，整个电路中的电流等于各个分支的电流的总和。这种情况下耗电量非常大，因此电池电量已经不足了。

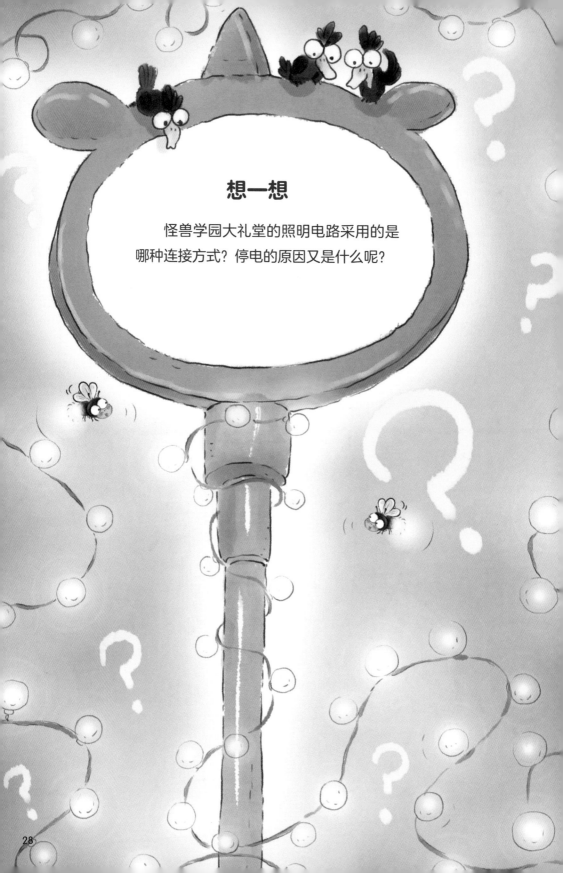

想一想

怪兽学园大礼堂的照明电路采用的是
哪种连接方式？停电的原因又是什么呢？

安培（1775—1836）

安培是法国著名的物理学家、数学家，经典电磁学的创始人之一。安培提出了电磁学中的许多重要理论，包括安培定则、分子电流假说、安培环路定理等。除此之外，他还发明了测量电路中电流的仪器——电流表。为纪念他，1908 年，伦敦国际电学大会公开决定，以"安培"为国际单位制中表示电流的基本单位。安培简称安，符号为 A。